AF470164

APERÇU GÉNÉRAL

DES QUESTIONS

D'HYDROLOGIE

ET DES

QUESTIONS ÉCONOMIQUES

Qui se rattachent à l'étude géologique du département
de Tarn-et-Garonne,

PAR

REY-LESCURE,

Secrétaire de la Commission de la Carte géologique,
Lauréat de la Société des Sciences de Tarn-et-Garonne,
Vice-Président du Comice agricole de Montauban.

MONTAUBAN

IMP. COOPÉRATIVE, RUE BESSIÈRES, 23. — J. VIDALLET.

—

1872

APERÇU GÉNÉRAL

DES QUESTIONS

D'AGRONOMIE, D'HYDROLOGIE

ET DES

QUESTIONS ÉCONOMIQUES

Qui se rattachent à l'étude géologique du département
de Tarn-et-Garonne.

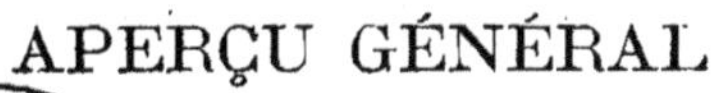

Disposition symétrique. — Quand, après avoir laissé à l'Est la région calcaire et marneuse des cantons de Saint-Antonin, de Caylus et de Caussade, on parcourt le reste du département, pour s'en faire une idée générale, avant de pénétrer dans les détails, trois faits caractéristiques viennent tout d'abord frapper l'esprit.

Ces faits sont :

1° La direction sensiblement S.E.-N.O. du Tarn et de la Garonne et leur convergence vers un point central ou vers une ligne médiane E.O, à laquelle aboutissent les cours d'eau secondaires du Quercy dirigés N.E.-S.O ;

2° La symétrie des collines et des vallées, des plateaux et des terrasses ;

3° L'uniformité relative des couches qui composent

les terrains géologiques et leur horizontalité ou du moins leur très-faible inclinaison.

Uniformité des couches. — Cette disposition des collines et des couches, ainsi que leur continuité de composition, de puissance et d'aspect dans l'ensemble frappent surtout, quand on peut suivre longtemps les mêmes terrains dans les vallées et sur les collines, ou les retrouver dans des escarpements qui les mettent à nu. Tout le monde connaît les coteaux du Fau et les escarpements de la promenade du Cours, à Montauban. L'on peut se rendre compte de dispositions analogues dans les environs d'Auvillar, de Valence, de Lauzerte, de Moissac et de Montpezat.

Cette régularité serait même plus sensible, si, sur bien des points de la plaine, des vallées et des coteaux, le terrain qui en forme la structure générale n'était recouvert par des nappes de cailloux roulés, de sables et de limons silico-argileux d'une tout autre nature, si, sur d'autres points, de grandes érosions n'avaient fait disparaître une partie des couches sous-jacentes ou ne les dissimulaient dans les éboulis.

En effet, presque partout dans la région des coteaux, on voit, sur d'immenses espaces, de puissantes couches argileuses ou marneuses, généralement grisâtres, verdâtres, jaunâtres, brunâtres ou de colorations variées. Elles alternent, tantôt avec des sables gris ou jaunes, quartzeux, tendres (d'où leur nom de *molasses*), tantôt avec des lits intercalaires de calcaires blancs, grisâtres ou jaunâtres, compactes, terreux, vacuolaires, bréchiformes ou cristallins. Tandis que les argiles et les sables passent souvent des uns aux autres par des transitions insensibles, les calcaires se montrent au contraire sous forme de corniche surplomblante, quand on les suit, par exemple, le long de la Garonne entre Moissac et Lamagistère, ou sous forme de lentille et d'ilôt plus ou moins épais et étendu comme on en voit notamment de Puylaroque à Montpezat et de Lauzerte à Bouloc.

Terrains tertiaires. — Leur origine d'eau douce ou fluvio-lacustre. — Ces terrains ont été, depuis longtemps déjà, classés comme leurs analogues du Tarn, du Lot, du Lot-et-Garonne, du Gers, de la Haute-Garonne, dans le terrain tertiaire qui constitue la plus grande partie du bassin de l'Aquitaine.

On sait que le terrain tertiaire occupe environ le tiers de la France et qu'il constitue la structure des grandes plaines généralement d'origine fluvio-lacustre de l'Aquitaine, de la Neustrie et de la vallée inférieure du Rhône.

Sa formation est due principalement aux dépôts successifs, pendant des milliers de siècles, de limons, de sables, d'éléments calcaires et marneux, par les eaux courantes qui les enlevaient sur leur passage aux terrains plus anciens. Leurs hautes et leurs basses eaux couvraient ou découvraient alternativement les terres voisines et remplissaient peu à peu les dépressions, les flaques, les marais et les lacs de cette époque, en exhaussant graduellement leurs lits capricieux, surtout dans la partie inférieure de leur cours et dans le voisinage de la mer. Ces phénomènes se sont produits après l'apparition du relief récent des Alpes et des Pyrénées et se sont effectués, en quelque sorte, à leurs pieds et à leurs dépens, par la dénudation continue de leurs pentes et de celles du plateau central de l'Auvergne.

Ces dépôts, ordinairement d'eau douce, étaient souvent contrariés ou compliqués dans leurs allures par la direction et la pente des vallées antérieures d'une part, et d'autre part, par l'érosibilité et la plasticité des couches sous-jacentes qui obéissaient sur d'immenses étendues, quoique d'une manière imperceptible, à la loi souveraine du mouvement universel et continu.

Ce mouvement, dont la transformation engendre la chaleur, la lumière, l'électricité, le magnétisme, les actions chimiques et moléculaires et la gravitation universelle, produit, dans l'ordre géologique, les oscillations, les ondulations, les intumescences, les affaissements et les renflements généraux, aussi bien que les effets locaux et restreints d'érosion et d'effondrement. De là ce relief et cette extrême variabilité des terrains que nous avons à étudier.

L'abandon par la mer de ses anciennes plages exhaussées, son retour à des époques éloignées vers ses anciens rivages ont constitué, en France, des événements géologiques considérables qui se sont fait sentir dans les vallées de la Seine, du Rhône et dans la partie occidentale du cours inférieur de la Garonne, en constituant l'alternance ou la juxtaposition des formations marines et d'eau douce.

Ce dernier effet ne se montre pas dans notre département, mais il s'est produit dans le Gers et le Lot-et-Garonne, les Landes et la Gironde, les Hautes et les

Basses-Pyrénées d'une manière trop visible pour qu'il n'ait pas eu à distance une influence latente sur les formations tertiaires du Tarn-et-Garonne et sur celles qui les ont suivies.

Terrains quaternaires. — Sur ce terrain tertiaire s'était établie progressivement une vie organique rendue très-analogue à celle de nos jours par des conditions climatologiques, alimentaires et respiratoires peu différentes.

Puis, brusquement peut-être et à plusieurs reprises, à l'horizon tranquille de la vie contemporaine qui se préparait en silence à recevoir l'homme, son maître intelligent, apparurent et bientôt s'amoncelèrent des phénomènes d'une étendue immense et d'une intensité désastreuse. De prodigieuses chutes et fontes de neiges, des mouvements d'eaux, de glaces flottantes, de glaciers entraînant ou emportant tout sur leur passage, amenèrent à la surface des terrains tertiaires des perturbations géologiques et paléontologiques ; ces grandes eaux creusèrent ou élargirent, sous le nom de vallées d'érosion, ces vastes fosses étagées, longs et larges sillons où elles noyèrent, broyèrent et entassèrent pêle-mêle les débris de la vie éteinte, sous les cailloux et les sables arrachés aux montagnes et sous les eaux glaciales qui en provenaient. Puis, leur œuvre accomplie, ces grands fossoyeurs recouvrirent tranquillement ce triste champ de bataille de la vie organique (qui ne s'était en partie sauvée qu'en remontant vers les sommets) d'un manteau de limon diluvien, on pourrait presque dire d'un linceuil.

Et cependant, c'est sur ce terrain tertiaire, sur ce limon diluvien et sur les alluvions qui en proviennent, que s'est établi le champ principal de la civilisation urbaine et rurale. C'est sur ces terrains ou dans leur voisinage immédiat que se sont établies les grandes capitales et les grandes villes. C'est là, dans les alluvions anciennes ou récentes que se trouvent Montauban, Castelsarrasin et Moissac, là que se trouvent la plupart des cantons.

Sols géologiques. — De ces conditions géologiques dérivent les conditions agronomiques : le sol argilo-calcaire ou *terre fort* des coteaux tertiaires, le sol silico-argileux ou *boulbène* du terrain *diluvien,* le sol argilo-siliceux des *alluvions*. De là, trois grandes aptitudes agronomiques, les *céréales,* la *vigne,* les *fourrages,* c'est-à-dire l'économie rurale du département.

Agronomie. — L'étude agronomique des régions naturelles, ici, comme dans tous les travaux géologiques récents, s'impose donc à l'esprit et justifiera ce titre d'étude agro-géologique, dans un pays essentiellement agricole comme le nôtre.

Hydrologie. — Les environs de Montauban ne demandent pas moins à être étudiés sérieusement au point de vue hydrologique, depuis qu'ayant cherché dans les dépôts aquifères diluviens l'alimentation en eau saine et fraîche de ses habitants, Montauban se trouve comme Toulouse, sa voisine, n'en avoir qu'une quantité insuffisante.

Subdivision des terrains tertiaires en étages. — Classé à juste titre, sous une vue d'ensemble, dans la série moyenne des formations tertiaires que l'on désigne sous le nom de *miocène,* notre pays réclame, quand on l'étudie plus en détail, surtout dans la partie orientale, une subdivision ou la répartition de ses terrains, non-seulement dans les divers étages miocènes, mais encore même dans la partie supérieure de l'étage éocène qui les précède.

Eocène à l'Est du département. — Par une circonstance remarquable, le grand intérêt scientifique du département, au point de vue tout récent de la recherche des substances minérales et de la découverte des phosphorites de Caylus, comme au point de vue de la paléontologie, se trouve en quelque sorte localisé dans cette même partie orientale, au contact de l'*éocène* d'eau douce, c'est-à-dire de la ligne périmétrique de l'ancien lac tertiaire reposant sur le *calcaire jurassique* d'origine marine.

Intérêt du point de vue dynamique dans l'étude des formations. — En outre, la position à peu près centrale du Tarn-et-Garonne dans le bassin tertiaire du Sud-Ouest, lui assigne une grande importance au point de vue dynamique, comme centre d'érosion, de sédimentation et de transport.

Ne semble-t-il pas, en effet, que dans cette direction E.-O. de la grande ligne hydrographique médiane du département, formée par l'axe du cours de l'Aveyron prolongé par le Tarn, ce dernier, prolongé lui-même par la Garonne, il y ait un fait fécond en inductions. La rencontre de ce grand collecteur par les lignes de second ordre parallèles, le Tarn et la Garonne, suivant des directions S.E.-N.O. d'un côté et par les cours d'eaux du Quercy dirigés N.E.-S.O, donne à l'ensemble orographique et hydrographique une disposition symétrique qui a fait de notre département, d'une part, un centre profond de sédimentation et de remplissage peut-être interrompus, vers lequel convergeaient toutes les voies liquides chargées d'un comblement sur la plus grande échelle ; de l'autre, un centre d'érosion non moins considérable.

On comprend dès lors que de l'étude du pays, au point de vue géologique, découlent des considérations économiques d'une grande importance pour les intérêts généraux et pour les intérêts privés.

On nous permettra donc de dire ici quelques mots :

1° De l'agronomie ;

2° De l'irrigation et de l'assainissement général ;

3° Des conditions hydro-géologiques;

4° De l'exploitation des substances utilisables ;

5° Des voies de communication nécessitées par des circonstances et des besoins nouveaux.

Nous ferons précéder ces diverses questions d'un aperçu historique.

Aperçu historique.

Etude géologique des terrains tertiaires. — Les magnifiques travaux de MM. Cuvier, Brogniart, Elie de Beaumont et Delesse ont très-bien fait connaître le bassin de Paris. Celui du Rhône a été très-soigneusement décrit par M. Scipion Gras, dans le département de

Vaucluse. Quant au bassin du Sud-Ouest il a été l'objet depuis assez longtemps déjà et tout récemment encore de travaux précieux.

Description classique du Sud-Ouest par M. Raulin. — Le plus considérable, à cause de la caractérisation des grandes lignes, de la justesse des vues d'ensemble et de la détermination des horizons géognostiques, aujourd'hui généralement admis dans notre contrée, est dû à M. Raulin, professeur de géologie à la Faculté des sciences de Bordeaux.

Il remonte à l'année 1848 et a été revu en 1854. Vers la même époque ou un peu plus tard ont paru les Mémoires et les Cartes de M. d'Archiac, pour l'Aude; de M. de Boucheporn, pour le Tarn; les Mémoires paléontologiques de M. Noulet; plus tard encore les travaux de MM. Leymerie et Magnan, les Cartes géologiques de M. Lacroix pour le Lot-et-Garonne, et tout récemment de M. Jacquot pour le Gers. Seul, au milieu des départements qui l'entourent, le département de Tarn-et-Garonne n'a pas encore sa carte géologique.

Cependant, dès 1864 et à défaut d'une initiative plus autorisée que la nôtre, nous crûmes devoir saisir avec empressement l'occasion qui nous était offerte d'appeler l'attention du Conseil général sur l'utilité d'une carte géologique, au moment où M. l'ingénieur des mines, de Freycinet, venait d'entrer dans son sein. Chargé d'autres travaux, cet ingénieur ne crut pas pouvoir accéder aux vœux du Conseil.

Plus tard, en 1870, la Société des sciences, arts et belles-lettres de Tarn-et-Garonne, ayant mis au concours

une question de géologie agricole, nous présentâmes, en
même temps que le regretté M. Rous, un Mémoire qui
avait trait surtout à la partie méridionale du département.

A cette époque venait de paraître l'excellent Mémoire
de notre ami, M. Magnan, sur la région calcaire de
Caylus, Saint-Antonin et Bruniquel.

En 1871, la découverte des phosphates de Caylus,
par M. Poumarède, éveilla l'attention de ses héritiers et
de diverses Compagnies anglaises et françaises.

Presque aussitôt M. Daubrée fit des gisements de
phosphorites une étude extrêmement précieuse pour
notre pays, et quelques mois plus tard M. Lacroix en
a fait l'objet d'une intéressante communication.

Cette découverte ayant ouvert une source nouvelle de
richesse pour le pays (elle a donné à l'heure qu'il est
au moins 4 millions en prix de vente, salaires d'extrac-
tion, prix de transport), la Société des sciences, sur
l'initiative de MM. Garrisson et Rattier, a décidé la
réunion des documents et des échantillons nécessaires
pour la préparation d'une Carte agro-géologique et hydrologique du département.

Une commission a été instituée à cet effet. Elle a
rédigé le Questionnaire ci-annexé qui sera envoyé dans
la plupart des localités, avec le désir et l'espoir de voir
se généraliser par ce moyen les investigations, les re-
cherches et les résultats. Elle compte, non-seulement
sur le concours des personnes auxquelles ces questions pourraient être familières, mais encore sur le
dévouement de tous ceux qui comprendront la néces-

sité de contribuer à cette œuvre d'utilité générale.

A la session de mai, le Conseil général, sur notre demande, appuyée avec bienveillance par M. le Préfet de Tarn-et-Garonne, a bien voulu accorder aux premiers efforts de la commission une première subvention de mille francs, espoir et gage tout à la fois de la continuation de ses dispositions bienveillantes pour lesquelles il voudra bien nous permettre de lui exprimer ici notre reconnaissance.

Coupes géologiques. — Ainsi que nous l'avons dit, tous les départements voisins possédant une Carte géologique, nous retrouverons dans les travaux de MM. Raulin, Noulet, de Boucheporn, Jacquot, Magnan, Lacroix et Leymerie, la description des grands types géologiques des régions voisines. A ces repères généraux viendront naturellement se relier nos études locales, tout en conservant, cela va sans dire, la liberté de détermination géologique qui nous sera suggérée par l'examen sur place des couches importantes. Un grand nombre d'excursions dans le département nous ont convaincus que nous aurons nous-mêmes à établir un certain nombre de repères locaux qui pourront être pris, le premier vers Monclar, le second vers Montpezat, le troisième vers Lauzerte, le quatrième vers Auvillar ou Beaumont, le cinquième vers Grisolles. Aussi, ce choix fait, y aura-t-il utilité à relier tous les cantons entre eux par un réseau hexagonal de coupes, ainsi que nous l'avons figuré sur une carte présentée à la Commission géologique et au Conseil général.

Après la description de cette ligne périmétrique passant par Beaumont, Verdun, Grisolles, Villebrumier, Monclar, Nègrepelisse, Caussade, Montpezat, Molières, Lauzerte, Bourg-de-Visa, Valence, Auvillar et Lavit, il y aura lieu d'étudier d'une manière toute particulière, d'abord les quatre cantons de Caylus, Saint-Antonin, Caussade et Montpezat, au point de vue de la recherche des substances minérales, puis, au point de vue agronomique et hydrologique, Montauban, Moissac, Castelsarrasin et Beaumont.

Aussi pensons-nous qu'il y aura lieu de dresser deux coupes transversales : la première, dirigée N.O.-S.E, passant par Montaigut, Lauzerte, Lafrançaise, Montauban et Villebrumier.

La deuxième, S.O.-N.E, par Beaumont, Montech, Montauban et Nègrepelisse.

Tels sont, croyons-nous, les premiers jalons qui devront nous servir de guide. Cela posé, nous aborderons les questions de géologie appliquée que nous avons annoncées en débutant.

Agronomie.

Nous avons dit en commençant : aux *alluvions les fourrages,* au *diluvium silico-argileux la vigne,* aux *coteaux tertiaires les céréales.* Nous ne supposons pas que l'on prête à notre formule l'intention de préconiser d'une manière absolue dans chaque terrain la culture qui lui convient le mieux, exclusivement à tout autre. Ce principe, vrai, agronomiquement parlant, heureux et fécond pour l'ensemble, pourrait avoir, au point de

vue d'un grand nombre d'intérêts spéciaux, des inconvénients agricoles et économiques incontestables. C'est
un but à atteindre, mais dans le moment actuel ce
n'est peut-être qu'un idéal ou un problème dont le
temps, la main-d'œuvre, les débouchés, les engrais sont
les données délicates à préciser et plus encore à réaliser.

Ces réserves faites, nous dirons quelques mots de
l'irrigation.

Irrigations.

Zone ripuaire du Tarn. — Les eaux limoneuses de
la Garonne, du Tarn, de l'Aveyron, combinées aux
fumiers abondants d'une cavalerie plus nombreuse, établie à Montauban, à Castelssarrasin et à Moissac,
deviendront, dans un avenir prochain, du foin ou de la
viande, en passant sur des alluvions perméables.

Avant vingt ans peut être, dans la vallée du Tarn,
sur l'une et l'autre rive, l'eau de la Garonne emprun-
tée au canal (à la cote 105) à Lacourt-Saint-Pierre,
arrosera, au moyen d'une rigole de 40 kilomètres, la
zone ripuaire du Tarn, d'Orgueil à Moissac. Il y a là, sur
une largeur moyenne d'un kilomètre, les quatre mille
hectares d'alluvions perméables, éminemment maraî-
chères et fourragères de Reygniès, Corbarrieu, Pech-
boyer, Bressols, Gasseras, Nivelle, Lagarde, Labastide
et les Barthes qui pourront et devront être arrosés à un
prix raisonnable, lorsque les terres seront fatiguées de
porter de la grande luzerne et les jardiniers fatigués de
puiser une eau insuffisante, alors qu'ils pourraient avoir

comme à Perpignan une rigole intarissable pour faire cette quotidienne et pénible besogne.

Il y aurait à cet égard un emprunt partiel à faire aux études d'un projet général d'irrigation dû à MM. les ingénieurs des Ponts-et-Chaussées et aux nivellements faits aux environs de Lagarde.

Alluvions de la Garonne. — Nous ne pensons pas cependant qu'il y ait à se préoccuper, avant une époque éloignée, de la possibilté théorique d'arroser, au moyen du canal, les alluvions de la rive droite de la Garonne, ou, au moyen des eaux même de ce fleuve, les alluvions de la rive gauche de Castelferrus à Auvillar. La fraîcheur de ces alluvions, les crues du fleuve, la mobilité de son lit, la richesse en foin et bois d'œuvre de ses ramiers, en luzerne et en céréales de ses terres à l'abri des inondations ordinaires, tout fait penser que l'irrigation n'y donnerait que des résultats précaires, coûteux et chanceux, en comparaison des produits actuels.

Plateau de Lacourt-Saint-Pierre. — Mais nous ne saurions trop tenir en garde les agriculteurs contre tout projet grandiose qui couvrirait d'eau à volonté le plateau de Lacourt-Saint-Pierre et de Lavilledieu et dont la première idée remonte, croyons-nous, à l'époque d'un engoûment passager pour l'irrigation. Il faut bien se garder, en effet, de donner au vignoble de Lacourt, déjà refroidi par les forêts de Montech, d'Escatalens et de Saint-Porquier, à la fois une végétation de joncs et un condensateur de plus de brouillards, de gelée et de grêle, sur cette presqu'île imperméable de 200 kilomètres carrés.

Dans ce sous-sol glaiseux où le drainage cesse bientôt de fonctionner, où les pentes sont parfois insuffisantes, ce serait à coup sûr s'exposer à perdre par les fléaux atmosphériques la production viticole, seule richesse réelle de ce plateau médiocrement granifère et surtout très-peu fourrager.

Nous ne quitterons pas le terrain diluvien du plateau de Lacourt et de Lavilledieu, sans dire en passant à ses propriétaires (au nombre desquels nous nous trouvons), que l'assainissement bien entendu consiste, pour chacun et pour tous, à faire ses fossés au lieu d'en envoyer les eaux dans celui du voisin, car c'est ainsi que l'on comprend et que l'on applique encore en l'an 1872, aux portes de Montauban, la lettre morte du code civil.

Viticulture.

Ce que nous disons de l'avenir de la viticulture dans notre pays, nous l'appliquons, non-seulement au plateau de Lavilledieu, mais encore à tous les sols de plaine et de coteau que l'on n'apprécie pas encore à toute leur valeur et que l'on désigne communément sous le nom quelque peu dédaigneux de *boulbène* ou de sol *silico-argileux*. Les terrains plantés dans les coteaux de Verdun, de Beaumont, de Lavit, d'Auvillar, en *morrastel,* en *négret* et en *auxerrois,* donneront des flots de vin pouvant remplacer un jour les flots d'aramons, de carignannes et de grenaches détruits peut-être par le *phylloxera.*

S'il en était ainsi, la vallée de la Gimonne et celle

de l'Arrax acquerraient de suite une grande importance commerciale et voudraient être reliées aux marchés viticoles de Castelsarrasin et de Valence. De là naît la la nécessité prochaine de deux ponts bâtis sur la Garonne, l'un à Belleperche, l'autre à Mondou ; de là naît encore la nécessité d'une voie ferrée vers le département du Gers.

Voies de communication.

Chemin de fer d'Auch à Montauban. — Les considérations qui précèdent nous amènent tout naturellement à des préoccupations d'un autre genre qui s'imposent aujourd'hui à l'esprit avec un caractère d'utilité, je dirai presque d'urgence générale, que l'on ne peut passer sous silence.

Le plateau diluvien entre le Tarn et la Garonne, gardé, il y a plus de vingt siècles, par le vieux camp de Gandalou et sillonné par les Romains de routes militaires, n'est-il pas destiné à devenir tôt ou tard un centre stratégique d'une importance capitale entre Toulouse et Bordeaux, entre Bayonne et Perpignan? C'est là pour l'artillerie un arsenal plus vaste et bien mieux placé que dans une grande ville. Pour le génie militaire et pour la cavalerie c'est un camp d'instruction autrement instructif que le camp de Lannemezan, et pour le soldat sous la tente, autrement sain que la fraîcheur des nuits au pied des Pyrénées. Bien examiné, ce plateau de Castelsarrasin sera infailliblement tôt ou tard considéré comme le vrai contrefort militaire des Pyrénées centra-

les, comme un point d'appui aux grandes opérations
stratégiques que l'on pourrait avoir à étudier. Dès lors,
qui de nous répondrait qu'un chemin de fer d'intérêt
national et stratégique d'Auch à Montauban, nous in-
sistons sur ce mot stratégique, ne sera pas avant peu
construit par le génie militaire sur la rive gauche de la
Gimonne au moyen du ballast diluvien ou du calcaire
tertiaire sous-jacent vers Larrazet.

Un pont jeté rapidement sur la Garonne, le canal
agrandi pour les canonnières, un camp retranché autour
ou sur l'emplacement des forêts d'Escatalens et de
Saint-Porquier, une butte de tir entre Bourret et Cordes-
Tolosannes, ne seraient-ils donc pas profitables pour la
discipline, pour l'instruction, pour le pays et pour
l'avenir ?

Chemin de fer du Tarn au Lot. — Si, revenant au
point de vue commercial, nous passons de ce futur
canal des deux mers au terrain jurassique de Caylus,
ne verrons-nous pas là des relations commerciales plus
largement ouvertes par la découverte des phosphates,
inspirer un jour aux Conseils cantonnaux de Caylus,
de Montpezat, de Caussade et de Montauban, l'initiative d'un projet d'intérêt local et collectif. Cette initiative, ce sera peut être la pensée de charger une compa-
gnie de relier le Lot au Tarn par une voie ferrée suivant
la vallée de la Lère ou du Candé et la route de Paris
que dégradent aujourd'hui, sans dédommagement pour
l'État, les nombreuses charrettes chargées de ce précieux amendement que nous ne savons ni retenir ni
utiliser, et qui produiraient pourtant de si bons résul-

tats dans nos boulbènes avec des engrais. D'autres substances, que des investigations plus sérieuses pourraient nous faire découvrir, ne sont-elles pas tenues là en réserve par la libérale nature, et les sinuosités du lit de l'Aveyron, ne sont-elles pas à elles seules un indice? On peut se demander en effet, et peut-être la géologie pure en sourirait-elle , on peut se demander pourquoi l'on ne retrouve pas partout des cailloux roulés dans le cours de l'Aveyron, tandis qu'on en retrouve à de grandes altitudes de Laguépie à Cordes. A-t-il changé de lit ou a-t-il eu une partie de son lit sous terre, comme la Garonne à sa source, comme la Sorgue dans Vaucluse, comme tant d'autres rivières des terrains calcaires en Europe et dans le monde entier? Les cavités, entonnoirs ou embucs, visibles ou invisibles, que l'on retrouve encore sur les plateaux dans le voisinage de l'Aveyron, suivant certains axes, nous paraisssent indiquer le cours caché de ses affluents, comme l'embuc de Lorgues, près Draguignan, nous a montré un affluent direct de la rivière d'Argens après un parcours souterrain de 8 kilomètres. Quel que soit le résultat ultérieur de ces investigations, les habitants des cantons de Caylus, de de Saint-Antonin, de Caussade et de Vaour nous sauront gré peut-être de les avoir engagés à rechercher dans ces anciennes crevasses et dans ces lits remplis de boues phosphatées ou autres, ce que le travail sédimentaire y aura déposé, ce que l'action diluvienne y aura entraîné, ce que le travail hydro-thermal et le travail hydro-glaciaire y auront engendré de mouvements moléculaires et d'affinités chimiques; en un mot, ce que toutes

ces causes réunies y auront élaboré et amené de substances utilisables.

Hydrologie.

Intérêt spécial pour Montauban. — Au point de
vue hydrologique, l'étude des environs de Montauban
présente un intérêt de premier ordre.

Sur une liste de 31 villes, aujourd'hui pourvues d'une
distribution, on voit que toutes ont demandé les eaux
à des canaux ou à des rivières convenablement choi-
sies. Seule, Montauban fait exception. Elle les a demandé à des couches aquifères dont le régime et la
nature n'ont pas encore été l'objet d'études assez suivies
et d'expériences assez concluantes, pour se prononcer
en parfaite connaissance de cause sur leur rendement.
Il n'est donc pas inutile de provoquer dans notre intérêt
d'abord, et dans l'intérêt de l'hydrologie générale en-
suite, des investigations nombreuses et étendues, afin
de commencer des expériences soutenues, pour arriver
à connaître dans leur ensemble la réalité des faits et
par suite la probabilité des résultats.

Alimentation par le Tarn. —Les troubles limoneux
si fréquents du Tarn, les écarts des grandes et des
basses eaux, les besoins des quatre usines, l'emplacement difficile et cher à trouver des filtres, des machines
élévatoires, la nature, la pente des terrains, la conden-
sation actuelle et progressive de la population, de l'in-
dustrie maraîchère et urbaine dans le voisinage, les
inconvénients prévus et imprévus qui en résultent, les
dépenses très-considérables (500 mille francs au moins)

qu'imposerait ce mode d'alimentation, en ont jusqu'ici fait repousser l'emploi. Y aura-t-il nécessité absolue, théoriquement et économiquement parlant, d'y revenir? Telle est la question délicate à examiner.

N'ayant, en écrivant ces lignes, d'autre but que de déposer dans cette enquête d'utilité publique, comme simple contribuable citant des faits, nous le ferons avec un esprit exempt de tout autre préoccupation que celle du meilleur emploi des sommes considérables que nécessitera le complément d'alimentation le plus sûr dans ses résultats.

Couches aquifères du Ramier. — Le Tarn, écarté tout d'abord par des hommes compétents, on ne pouvait s'adressser, paraît-il, avec des probabilités de succès plus ou moins complet, qu'au *terrain de transport* sablo-graveleux du Ramier, faisant partie du vaste plateau diluvien, situé entre le Tarn et l'Aveyron. Un fait visible aurait peut-être dû alors préoccuper davantage l'esprit public, s'il était de mode en France que l'esprit public se préoccupât longtemps et sérieusement des choses sérieuses.

Tous les ruisseaux de ce plateau ont leur origine dans les étroits vallons des coteaux tertiaires du Sud-Est qui le dominent de leurs alternances argileuses et sableuses très-peu aquifères, malgré les îlots ou buttes caillouteuses diluviennes qui les surmontent. Les grandes pluies du printemps les alimentent seules temporairement et en quelque sorte torrentiellement; malgré la longueur de leur cours, ils n'apportent à l'Aveyron que de très-faibles quantités d'eaux.

Bassin du ruisseau Mortarieu. — Cela est vrai, notamment du ruisseau Mortarieu, le plus rapproché de la ville et de l'aqueduc du Ramier. La grande profondeur des puits et la rareté de l'eau le long de la route de Léojac sont des faits attestés aussi bien à première vue par l'absence de bascules, de norias et de jardins maraîchers, que par une observation plus attentive des dépôts argilo-graveleux faiblement perméables des couches traversées.

Le cours supérieur du ruisseau Mortarieu a 5 kilomètres à peu près jusqu'à La Lande et 12 kilomètres de La Lande à l'Aveyron. Sa direction moyenne est E.S.E. — O.N.O. Le bassin de la branche grand Mortarieu, dans les environs de La Lande, ne paraît avoir sur sa rive gauche du côté de la ville que 900 mètres de largeur et que 500 mètres sur sa rive droite. Son thalweg est à 2 kilomètres environ de la Citadelle. Le bassin contigu de l'autre branche ou du ruisseau Frézals ne paraît pas plus considérable en largeur, et il remonte moins haut ; son thalweg est à 5 kilomètres de la Citadelle.

L'aspect général, coupé et contrarié peut-être aujourd'hui par la voie du chemin de fer, semble indiquer, pour la rive gauche, une surface de 120 hectares environ, inclinant partiellement de l'Ouest à l'Est vers le thalweg et du S.-E au N.-O vers l'Aveyron, et pour la rive droite, une zone de 80 hectares inclinant vers le même thalweg.

Entre la Citadelle, le chemin de La Lande, l'usine de M. Doumerc, le Communal, Monplaisir et Chambord, il y a ce semble une surface de 40 à 50 hectares dont l'écoulement superficiel est vers le ruisseau Lagarrigue. Les puits de M. Doumerc nous paraissent appartenir à ce dernier plan incliné.

Nature des terrains du Ramier. — Si maintenant on examine la nature du terrain, on reconnaît à peu près partout, comme sol, un limon silico-argileux ou boulbène blanche à la surface et, comme sous-sol profond, un limon plus fortement argileux ou glaiseux. Tout ou presque tout ce terrain est donc imperméable. Les affleurements sablo-graveleux, dans le voisinage ou dans le périmètre du bassin du ruisseau Mortarieu, sont, pour ainsi dire, à peu près inapparents, si même il en existe, car l'affleurement sablo-graveleux planté en vigne et connu dans le voisinage du ruisseau Lagarrigue paraît être surtout le filtre absorbant et alimentaire des sources coulant dans ce ruisseau.

D'après cette disposition, l'idée géologique que nous nous faisons du pays nous permet de conjecturer avec circonspection, mais avec des apparences de grande probabilité, ce qui doit exister au-dessous du terrain de transport.

La considération de l'influence du fond nous paraît jouer ici un grand rôle.

Les axes de la Garonne, des ruisseaux du plateau de Lacourt et de Lavilledieu, du Tarn, du Tescou, des ruisseaux affluents de l'Aveyron, indiquent tous des directions moyennes S.E.-N.O parallèles et symétriques vers la grande ligne d'eaux médiane Est-Ouest, très-probablement commune aux époques tertiaires, diluviennes et alluviennes récentes.

Ce grand collecteur de l'Aveyron prolongé par le Tarn, prolongé par la Garonne est donc la ligne de *plus grande profondeur* de l'ancien lac tertiaire.

L'axe moyen du Tarn dans le département, jusqu'à Lafrançaise, peut être considéré comme le type moyen des lignes de *plus grande pente*.

Disposition du tuf imperméable. — De là cette conséquence que, dans le fond des vallées, comme dans les plateaux, il doit y avoir un grand nombre de sillons S.E.-N.O à la surface du tuf imperméable; en effet, le dépôt horizontal des couches argileuses tertiaires n'a nulle part empêché la formation, sur le fond, d'éminences de 1 à 2 mètres et plus, encaissant des dépressions remplies de sables molassiques qui dénotent, comme on sait, le passage dans ces mêmes dépressions de courants plus rapides que sur les bords. Nous en connaissons de très-nombreux exemples autour de Montauban. Le cours souterrain des sources et des fontaines n'a guère en tous pays d'autre cause que celle-là, jointe à un drainage caillouteux naturel.

Cette disposition, qui est la conséquence naturelle des lois qui régissent les courants et les remous, est un fait permanent qu'ont pu modifier dans les détails, mais non pas détruire entièrement, les afflux d'eaux plus considérables survenus pendant les périodes post-tertiaires. En effet, aux époques diluviennes, les phénomènes si considérables des chutes et des fontes de neiges, des transports par les glaces flottantes ou des

glissements à la surface des glaces fixes, vers la *ligne
de fond,* toutes ces actions ont obéi aux mêmes lois
dynamiques.

Dans les sillons tertiaires ou dans les sillons diluviens, sur les éminences anciennes ou sur des éminences
nouvelles, il a dû se déposer, dans les courants, les ma-
tériaux les plus grossiers et les plus lourds, les cailloux
et les sables; dans les remous et les flaques, les limons
plus fins, là où les courants étaient ralentis. Ce phéno-
mène qui se reproduit très-fréquemment aux bords de
la Garonne et dans le lit du Tarn, est un fait si général
qu'on peut supposer son existence à peu près partout.

Cette disposition doit donc exister, selon nous, dans
une certaine mesure, dans les dépôts aquifères du plateau
du Ramier. Seulement, il pourrait se faire que les
sillons affectassent la forme à très-grande section,
plutôt que la forme fluviale à très-faible section. Il
pourrait se faire que les éminences imperméables, sépa-
rant les divers sillons aquifères, n'eussent qu'une largeur
et qu'une hauteur peu considérables, et qu'alors les
divers sillons communiquassent entre eux. Il pourrait
se faire aussi que les courants diluviens n'eussent jamais
été très-forts sur ce plateau.

La coupe du sol, levée lors des fouilles de l'aqueduc
de La Lande, si elle était publiée, nous en dirait plus
à cet égard que tous les raisonnements. Mais nous pensons qu'elle n'infirmerait que dans les détails une manière de voir basée sur des faits naturels.

Pentes. — Nous pensons donc qu'indépendamment
de la pente transversale E.-O. de 0^m 0008 trouvée par

M. Capelle, il existe dans les dépôts aquifères une pente S.S.E. — 30° — N.N.O qui n'est peut-être pas moindre de 0ᵐ 00,2 par mètre. C'est cette dernière pente qui doit contribuer au mouvement des eaux souterraines comme des eaux superficielles des coteaux du Tigné à l'Aveyron. C'est même vraisemblablement ce motif qui a déterminé à n'employer que dans la paroi d'amont de l'aqueduc les briques creuses introduisant l'eau, tandis que l'on a construit en maçonnerie pleine la paroi d'aval, pour obvier sans doute à l'écoulement qui aurait pu se produire à travers l'aqueduc dans le sens de la plus grande pente du bassin aquifère, à moins encore que l'on n'eût voulu ainsi empêcher le déversement dans la zone droite du bassin du ruisseau Lagarrigue, de l'eau capturée dans la zone gauche du ruisseau Mortarieu. Si ce n'était dans ce but, nous ne nous expliquerions pas pourquoi on n'aurait pas construit en briques creuses la paroi d'aval, puisqu'on aurait eu ainsi une surface absorbante double qui aurait drainé ou colligé l'eau dans d'autres directions.

Multiplier le drainage dans les dépôts aquifères sableux, quand le drainage naturel est insuffisant, tel est, croyons-nous, la seule condition d'une absorption rapide de l'eau.

Nous ne nous faisons pas peut-être, en général, une idée suffisamment exacte :

1° De la faible quantité d'eau que renferment les sables;

2° De la force de cohésion qui relie entre elles toutes les molécules liquides;

3° De la force d'adhérence de ces molécules probablement polyédriques à facettes concaves se moulant sur les parois convexes des innombrables grains de sable;

4° De la lenteur du mouvement qui résulte de ces trois causes combinées ;

5° Des mouvements vibratoires, ondulatoires et oscillatoires qui se produisent dans les puits et qui n'existent peut-être pas dans les canaux absorbants.

Ainsi, d'un côté, il est infiniment probable que, malgré sa double pente, le dépôt aquifère, formé de 2 mètres 70 de sable et qui ne présente qu'une hauteur d'eau de 1 mètre 40, ne doit même l'altitude de son niveau qu'à une sorte de capillarisation.

D'un autre côté, il est à peu près certain que les sables du Ramier ne contiennent dans leurs interstices que 300 litres d'eau par mètre cube, et peut-être moins dans l'ensemble.

Conséquences, quantités, vitesse. — De là, cette double conséquence que cette faible quantité d'eau, répartie sur une grande surface, n'a qu'un mouvement insensible dû à la pente, mais contrarié par la cohésion et l'adhérence, et que ce mouvement n'est dès lors qu'une résultante très-complexe.

Les expériences précieuses de M. Darcy (mais trop peu nombreuses et encore trop peu précises), ont montré que ce mouvement, cette vitesse de l'eau dans les sables, est à peine sensible. M. Dupuit dit, lui-même, que la vitesse dans les cas favorables n'est peut-être que de 1 millimètre par seconde, et dans les cas ordinaires que de $1/10^{me}$ $1/100^{me}$ et peut-être $1/100^{me}$ de

millimètre, ce qui donnerait une longueur de 36 mètres
seulement en 10 heures ou de 86 mètres en 24 heures.
dans le premier cas, et des distances tout à fait insigni-
fiantes dans les autres.

Evidemment cette vitesse d'écoulement est si faible,
qu'elle est incapable de faire équilibre aux besoins ou
aux moyens rapides d'absorption, sans avoir recours à
de grandes surfaces. sans avoir recours à un drainage
convergent.

D'ailleurs, avec un aqueduc rectiligne, le parallé-
lisme des filets liquides engendrera toujours des vitesses
moindres, suivant nous, qu'un vide circulaire qui doit
donner naissance à une convergence de ces mêmes
filets, rayonnant de tous les points, et à une sorte de
mouvement accéléré.

Nous ne nous expliquons pas autrement les faits
suivants auxquels chacun peut-être pourrait joindre un
contingent de faits analogues.

A Lacourt-Saint-Pierre un puits très-abondant, situé
dans les graviers sableux du plateau diluvien, de tous
points analogue à celui du Ramier, présente un niveau
surélevé de 2 mètres depuis la confection du canal. Il
est aujourd'hui à 1 mètre 50 au-dessous du sol. Il a été
épuisé en septembre 1871 avec une pompe mise en
mouvement par deux hommes qui ont, pendant une
heure, maintenu le niveau de l'eau du fond à 0 mètre
15 centimètres. La quantité d'eau fournie pendant ce
régime a été mesurée au moyen d'un hectolitre en fer-
blanc et a donné un grand nombre de fois un volume
d'eau par minute dont la moyenne est de 108 litres.

La quantité d'eau par seconde était donc de 1 litre 8. Le périmètre du puits étant de 4 mètres environ, la la hauteur de filtration de 2 mètres 50, la surface de 10 mètres, chaque mètre carré a fourni 0 litre 18 en moyenne. Appliquant ce rendement aux 1,400 mètres de l'acqueduc du Ramier, nous devrions avoir un volume de 252 litres par seconde. Pourquoi l'aqueduc n'a-t-il donné que 8 litres dans le principe, et 4 à 5 dans le régime aujourd'hui devenu permanent?

Y a-t-il manque d'eau ou manque de mouvement?

L'expérience seule, je veux dire une série d'expériences, peuvent seules le dire. Elles sont indispensables, elles se feront. Nous en avons pour gage la sollicitude de l'administration, le dévouement et l'intelligence de ceux qui la secondent dans sa mission tutélaire.

Nous n'entendons pas tirer de conclusions absolues de l'expérience rappelée ci-dessus, nous nous bornons à ce simple rapprochement. Nous ajouterons que tous les jardiniers savent que 20 comportes ou 1 mètre cube d'eau (1,000 litres) enlevé rapidement à un puits, n'y revient qu'après un nombre de minutes ou d'heures variable suivant la nature et la grosseur des sables et suivant le rayon moyen du périmètre d'approvisionnement.

En outre, nous savons tous, après un calcul bien simple, que 1 million de litres ou mille mètres cubes d'eau, pris sur une surface liquide de 100 hectares, n'en abaisseraient le niveau que de 1 millimètre et qu'il en serait de même en faisant varier dans le même rapport les volumes et les surfaces. Est-il donc étonnant que les nivellements n'aient accusé aucune dénivellation dans les puits depuis la confection de l'aqueduc?

Les véritables termes du problème sont donc, croyons-nous, ceux-ci :

Quelle est la quantité d'eau intersticielle contenue dans les sables du Ramier?

Quelle est la vitesse de l'eau dans ces sables?

Quelles sont la direction, les pentes, la largeur et la profondeur du bassin aquifère souterrain du grand Mortarieu traversé par l'aqueduc?

Ce sont là trois données qui ne peuvent être fournies que par la coupe des terrains traversés et par les expériences faites en grand.

Expériences. — En isolant complètement et rapidement du reste des dépôts aquifères, par une paroi étanche, assise sur le tuf imperméable, un rectangle de 10 mètres de large et de 20 mètres de long, on aurait déjà de bons indices. On creuserait un puits au milieu de ce dépôt, on l'épuiserait et l'on jaugerait; puis on le saturerait de nouveau jusqu'à 1 mètre 40 de hauteur. Cela fait, on ouvrirait sur l'une des parois une ouverture de 1 mètre, puis de 10 mètres; on mesurerait la vitesse et la quantité d'eau recueillie sous diverses sections et à diverses hauteurs, ainsi que le coulement des sables entraînés, puis on drainerait de 5 en 5 mètres les sables aquifères et l'on mesurerait de nouveau un très-grand nombre de fois et à de grands intervalles les résultats comme vitesse et comme produit.

Puis cela fait et les résultats publiés, les hommes compétents nous diront ce qu'il y a à faire.

Pour nous qui n'avons pas la prétention de venir jeter au hasard quelques appréciations personnelles dans une question aussi délicate où la circonspection est de rigueur, mais qui n'hésitons pas cependant à venir apporter des faits, nous continuerons ce mode d'argumentation en engageant nos compatriotes à aller voir un essai fait à Toulouse.

Tranchée de Toulouse. — Quand on aura vu la tranchée de 500 mètres de long, de 6 mètres de large, ouverte sur la rive gauche de la Garonne, près du pont du chemin de fer, à 3 kilomètres en amont de Toulouse, on n'en rapportera, sans doute, comme nous, qu'un attristant diagramme et des échantillons montrant les bras nombreux d'un fleuve déplacé, formés de courants parallèles au fleuve et séparés entre eux par des îlots de limon noirâtre, bitumineux à odeur fétide. Du reste, les lits sablo-caillouteux ne fournissent qu'une insignifiante quantité d'eau, malgré les pluies du printemps et bien qu'il y ait des puits suffisants dans les environs. A Toulouse on ne s'en occupe plus.

Indices autour de Montauban. — Plus près de nous, nous citerons des faits de la même nature.

Quatre puits creusés à Nivelle, dans les alluvions de la rive gauche du Tarn, à 50 mètres de la rivière et, en moyenne, à 60 mètres l'un de l'autre, donnent chacun une quantité et une qualité d'eau très-différente. Ils ne permettent pas l'établissement d'une noria. Dans le dernier puits que nous avons fait creuser, nous avons trouvé un sable bitumineux noirâtre, tout-à-fait analogue à celui de Toulouse. Du reste, très-peu de cailloux et, partant, très-peu d'eau dans le puits.

Que trouvera-t-on dans les alluvions de Sapiac ? — Selon toutes les probabilités, des circonstances de gisements aquifères tout-à-fait analogues à ceux que nous venons de rappeler. On peut, du reste, le savoir à peu de frais, en priant MM. les ingénieurs des Ponts-et-Chaussées de nous communiquer :

1° La belle carte de la Garonne sur laquelle se trouvent si bien indiqués tous les accidents ripuaires et alluviens.

2° La carte du fond du Tarn entre les Oliviers et le Verdier.

Les alluvions actuelles du Tarn et de la Garonne, par leur nature, leur puissance et leur configuration, nous renseigneront parfaitement sur la nature des lits qu'elles ont abandonnés à des époques très-récentes et qu'elles iront peut-être de nouveau corroder dans quelques siècles, peut-être dans quelques années, suivant la loi connue du déplacement vers l'Est.

Nous pensons que les alluvions du Tarn, présentant des sols et des sous-sols limoneux très-puissants et très-meubles, ne doivent avoir en général, au-dessous d'eux, que des dépôts graveleux de faible épaisseur. Ils sont d'ailleurs mélangés avec une forte proportion de matières terreuses et organiques ou de sels calcaro-magnésiens, apportés des coteaux par les eaux sauvages ou par les eaux limoneuses du Tescou. Ne connaissant que très-peu d'affleurements réellement sablo-graveleux à la surface des alluvions et à une assez grande distance de

Montauban, nous n'y supposons pas une infiltration quelque peu considérable. Remarquant, en outre, que les coteaux de Vignarnaud et du Fau ne fournissent au Tescou que très-peu d'eau, nous ne supposons pas que le versant du Tarn, beaucoup plus restreint et plus rapide, puisse en fournir beaucoup aux infiltrations.

Dépôts aquifères de Gasseras. — S'il fallait demander de l'eau aux alluvions du Tarn, c'est aux alluvions de la rive gauche qu'il faudrait s'adresser. Le grand nombre des puits et des sources de Villebourbon, le niveau d'eau des puits du quartier de Gasseras, du ruisseau de La Bastiole, des terrains situés derrière la gare, l'abondance de la source du Verdier, sont des faits trop visibles pour ne pas nous donner raison. Il n'est pas jusqu'au dicton populaire, vrai ou faux, de l'alimentation des puits de Villebourbon par les eaux de la Garonne et de la prétendue élévation de niveau qu'y produisent au bout de deux ou trois jours les crues du fleuve, que nous ne puissions invoquer au point de vue de la préférence à donner aux dépôts aquifères de la rive gauche du Tarn. Ce dernier fait n'a probablement pour cause que l'infiltration lente des grandes pluies d'avril et de mai et des eaux du canal ou de celles qui proviennent des nombreuses sources ayant leur origine dans les terrains filtrants du plateau de Lacourt-Saint-Pierre.

Une grande partie de ces eaux doivent s'introduire, comme les infiltrations sus-rappelées, dans les vastes dépôts sablo-graveleux dont on voit partout les affleurements superficiels ou à une très-faible profondeur ; mais

quelle que soit l'origine de ces eaux, le fait subsiste
d'une quantité très-considérable. Si nous ne devons pas
en trouver ailleurs des quantités suffisantes, c'est là,
croyons-nous, que l'on devra la prendre. L'usine à gaz
pourrait, peut-être, utiliser d'énormes quantités de
chaleur, aujourd'hui perdues, en leur faisant élever à
peu de frais l'eau à la hauteur voulue, soit pour alimenter seulement Villebourbon, soit pour alimenter la
ville en mélangeant cette eau à celle de la Citadelle.
Nous ne le conseillerions pourtant pas. Les infiltrations
sont toujours trop grandes et trop fâcheuses dans une
ville ou dans sa banlieue pour qu'on ne doive pas être
très-circonspect dans leur emploi.

En outre, au point de vue économique, la caserne de
cavalerie de Gasseras, devenant un très-grand consom-
mateur d'eau, peut-être l'Etat pourrait-il être appelé à
contribuer, dans une certaine proportion, à l'établissement et à l'entretien des machines élévatoires.

Les dépôts aquifères de Gasseras renfermant une
grande quantité d'eau, il suffirait, peut-être, d'établir
un certain nombre de puits reliés par un drainage
convergent. Mais, si des doutes, au point de vue de la
qualité actuelle ou future des eaux de Gasseras, s'éle-
vaient dans l'esprit de quelques personnes (et nous
sommes de ce nombre), alors il y aurait encore lieu de
chercher, et peut-être trouverait-on mieux comme qualité, autant comme quantité, et probablement à des prix
moindres que ceux connus jusqu'ici.

Dépôts aquifères de Verlhaguet. — En effet, en
face du plateau du Ramier, à 5 kilomètres de Montauban,

se trouve le plateau de Lacourt-Saint-Pierre, situé, en moyenne, à la cote 100, comme l'autre. A priori on devait donner la préférence au Ramier; mais peut-être, nonobstant la distance, Verlhaguet la méritait à cause de la ligne hydrologique du plan d'eau qui alimente de Parages à Albefeuille les fontaines de Verlhaguet, de Montbeton, du Touron et du Tap.

Lors de la confection du canal, on ne put qu'à grand'peine et à grands frais détourner la source alimentaire des pièces d'eaux du domaine de la Terrasse, appartenant aujourd'hui à M. Soleville. Elle coule toujours avec une extrême abondance.

Le canal lui-même est devenu une source d'infiltrations telle que, depuis son établissement, le niveau des puits s'est élevé de 2 mètres environ, non-seulement à Verlhaguet, mais à Lacourt, à Montech, à Saint-Porquier, etc... On sait, en effet, qu'un canal perd en moyenne par infiltration le double de son évaporation (0^m 005 lit. par jour), soit 10 lit. par mètre carré. Pour une largeur de 10 mètres et une longueur de 2 kilomètres de Lacourt à Verlhaguet, ce serait 200 mètres cubes par jour, et pour les 5 kilomètres de Verlhaguet à Montauban, 500 mètres cubes, en tout 700 mètres ou le tiers de la quantité demandée.

Ces infiltrations ajoutent donc non-seulement leur débit naturel, mais encore une pression considérable aux dépôts aquifères de Lacourt dont la hauteur primordiale de 1 mètre 60 a été surélevée d'environ 2 mètres et atteint aujourd'hui, sur bien des points, près de 4 mètres. Cette hauteur, dans ce gravier très-filtrant, suppose par mètre cube 500 litres, soit pour 4 mètres de hauteur 2,000 litres, tandis qu'au Ramier, le mètre cube n'en renferme que 300 litres.

Filtre naturel. — Aussi, peut-on dire qu'à Lacourt, un hectare, coûtant 2,000 francs, serait un excellent filtre naturel et un réservoir contenant très-probablement 20,000 mètres cubes, soit l'approvisionnement de Montauban pendant 10 jours. Du reste, si la quantité d'eau devenait insuffisante en été, on pourrait, soit par un drainage préalable, parallèle au canal, capter rapidement les infiltrations et leur donner de la vitesse, soit envoyer dans ce filtre naturel d'un hectare l'eau du canal obtenue directement par voie de concession ou recueillie dans le déversement de la concession de M. Courtois de Viçose, qui va perdre inutilement dans le ruisseau de la Garenne haute, à Montbeton, des quantités d'eau très-considérables. On pourrait, en outre, creuser un certain nombre de puits et les relier par des drains et un collecteur pour augmenter la vitesse et le rayon d'approvisionnement.

Bassin hydrographique. — Des considérations théoriques et pratiques semblent du reste confirmer nos prévisions. En effet, on admet qu'un bassin hydrographique de 10,000 hectares fournit, par voie de filtration en eau de source, 1 mètre cube par seconde, soit par hectare 0 lit. 1 par seconde ou par 24 heures 8^m 640 lit., de sorte qu'un bassin hydrographique de 250 hectares donnerait 2,160 mètres cubes par jour, soit à très-peu de chose près la quantité demandée. Or, ce bassin, nous devrions dire plusieurs bassins de ce genre existent entre Lacourt et Verlhaguet.

Terrains filtrants. — Nous devons ajouter, et cette indication n'est pas la moins probante, qu'il existe dans un domaine nous appartenant, dans des champs, des vignes et des bois voisins de notre propriété, 50 hectares de terrains graveleux qui (d'après des expériences que nous avons faites pendant deux ans), infiltrent, en 24 heures, plus de 1 mètre cube par mètre carré. Les 50 hectares doivent donc fournir annuellement environ 200,000 mètres cubes, soit cent fois la quantité journalière demandée (2,200 mètres), soit l'approvisionnement pendant 3 mois.

Tous ces faits nous semblent expliquer le débit considérable du puits que nous avons cité et faire ressortir la rareté et la lenteur de l'eau dans les dépôts aquifères du Ramier.

Des expériences sérieuses et prolongées justifieront, nous en avons l'espoir, la plus grande partie de nos prévisions présentées dans l'intérêt des contribuables qui doivent être édifiés, le plus possible, pour le présent et pour l'avenir, sur toutes les conditions hydrologiques de l'alimentation. Aussi, demanderions-nous qu'il soit fait, dans les dépôts sablo-graveleux de Verlhaguet, un drainage de 200 mètres parallèle au canal et convergeant vers 3 puits espacés de 100 mètres et disposés en triangle équilatéral. L'un de ces puits serait creusé à 20 mètres de distance du canal, les deux autres seraient placés sur une parallèle à cette ligne d'eau.

En supposant que la quantité d'eau voulue se trouvât

dans le plateau de Lacourt, par quel moyen et à quelles conditions pourrait-on l'envoyer à Montauban?

Pentes et distance. Alimentation naturelle de Villebourbon. — Entre la cote 97^m20, niveau de l'eau dans notre puits, près de Verlhaguet (d'après un nivel. lement très-exact rapporté aux cotes d'irrigation de Lacourt-Saint-Pierre par un conducteur des ponts-et-chaussées), et les 3 repères 85^m316—84^m884—85^m 387 des maisons Aunac, Nègrier, à Saint-Orens, et de la caserne du faubourg Toulousain (fournis par le nivellement Bourdaloue), *il y a une différence de niveau de 12 mètres qui permettrait de faire arriver l'eau, en vertu de la pente, à tous les étages des maisons les plus élevées de Villebourbon;* on fournirait ainsi de l'eau, sans frais d'élévation, à un tiers de la ville, aux casernes et à la gare. Toute l'eau du Ramier serait réservée pour la ville haute et on augmenterait ainsi de moitié l'approvisionnement.

Il y a plus :

Entre la cote de 97^m20 sus rappelée et le zéro du Tarnomètre, à la cote 74^m443, il y a 23 mètres de différence de niveau.

Alimentation de la ville. — Entre cette même cote 97^m20 et le plat-fond du bassin des pompes de la Citadelle qui est, croyons-nous, à la cote 90, il doit y avoir environ 7 mètres qui, pour une distance de moins de 7 kilomètres de Verlhaguet à la Citadelle, en passant par Gasseras, fournirait entre ces deux points la pente généralement adoptée dans les conduites de 1^{mm} par mètre.

En passant à Villebourbon, la conduite pourrait y laisser 1000 mètres cubes, et en amener 1000 mètres à la Citadelle. Si la pente ne suffisait pas, une petite machine aspirante, annexée à celle de la Citadelle, l'amènerait dans ce bassin et la mélangerait, sans aucun inconvénient, avec sa congénère du Ramier.

Une seule difficulté semble se présenter, mais cette difficulté n'en est pas une, de l'avis des hommes spéciaux que nous avons consultés.

Une ou plusieurs conduites en fonte pourraient-être, beaucoup plus facilement qu'on ne le suppose, placées dans le lit de la rivière où elles formeraient syphon se relevant sur les deux rives, avec un regard dans l'île ou près du pont suivant la ligne d'immersion. Parvenue sur la rive droite, la conduite s'engagerait le long du ruisseau Lagarrigue et se dirigerait vers la Citadelle. Dans le cas où une petite quantité d'eau viendrait à manquer en été, on la prendrait à la rivière, en ne préjudiciant que bien peu à deux moulins au lieu de quatre.

Dépense approximative. — Or, si nous sommes renseignés d'une manière assez approximative, un tuyau de 25 centimètres de diamètre, sous une pente de 1^{mm} par mètre, fournirait 20 litres par seconde ou au moins 1700 mètres cubes d'eau en 24 heures, et, avec une charge ou une pente double, 2500 mètres cubes. Le prix d'une conduite en fonte étant (toujours si nous sommes bien renseignés), pour fourniture et pose, de 25 francs par mètre linéaire, le prix, pour 7 kilomètres, serait de 175,000 francs. Si l'on voulait se contenter

de fournir à Villebourbon 864 mètres cubes, il suffirait
d'une conduite de 0ᵐ18, coûtant environ 17 francs le
mètre, soit pour 6 kilomètres 100,000 francs. Comme
il n'y aurait dans tous les cas ni filtres, ni bassins, ni
longs acqueducs, ni machines élévatoires à établir, on
n'aurait peut-être que des frais de pose et de premier
établissement.

Nous demanderons humblement, vu notre incompé-
tence en ces matières si délicates, mais hardiment, vu
notre ardent désir de provoquer la recherche sur tous
les points de la vérité hydro-géologique, si des questions
de cette importance ne méritent pas de trouver place
dans les applications de la géologie, et si nous ne
sommes pas excusables de leur avoir largement ouvert
la porte. Qu'il nous soit permis d'espérer qu'une grande
indulgence accueillera ces lignes, trop longues peut-être,
et que ce faible grain de sable ne fera que précéder les
travaux plus importants que d'autres apporteront à
l'œuvre géologique. Ce sera là notre plus douce satis-
faction.

REY-LESCURE,

Secrétaire de la Commission de la Carte géologique,
Lauréat de la Société des Sciences de Tarn-et-Garonne,
Vice-Président du Comice agricole de Montauban.

9 782329 455921